Ernst Probst

Alma. Ein Affenmensch in Eurasien

Mit Zeichnungen von Shuhei Tamura

GRIN Verlag

Bibliografische Information der Deutschen Nationalbibliothek:

Die Deutsche Bibliothek verzeichnet diese Publikation in der Deutschen National-
bibliografie; detaillierte bibliografische Daten sind im Internet über http://dnb.d-
nb.de/ abrufbar.

Impressum:

Copyright © 2013 GRIN Verlag, Open Publishing GmbH
Druck und Bindung: Books on Demand GmbH, Norderstedt Germany
ISBN: 978-3-656-43946-2

Dieses Buch bei GRIN:

http://www.grin.com/de/e-book/214820/alma-ein-affenmensch-in-eurasien

Affenmensch „Alma",
Zeichnung von Shuhei Tamura

Ernst Probst

Alma

Ein Affenmensch
in Eurasien

*Meinen Enkelkindern
Max, Paula und Jana gewidmet*

Belgischer Zoologe Bernard Heuvelmans (1916–2001),
Zeichnung von Talitha Wittich

Vorwort

*Viele Tierarten
sind noch unentdeckt*

Ein seltsames Lebewesen steht im Mittelpunkt des Taschen-
buches „Alma. Ein Affenmensch in Eurasien". Dabei handelt
es sich um einen Kryptiden, den man im Laufe der Zeit
meistens im Westen der Mongolei, im Altai-Gebirge, in
Tadschikistan und im Tien Shan-Gebirge (China) gesichtet
hat. Ein im Kaukasus beobachtetes ähnliches Geschöpf heißt
„Almasty". Ingesamt ist diese Kreatur unter mehr als 40
regional verschiedenen Namen bekannt.
Ernst Probst, der Autor dieses Buches, ist weder Kryptozoologe, noch glaubt er an die Existenz von Affenmenschen,
die überlebende Frühmenschen oder Urmenschen wären. Aber
er kann nicht ausschließen, dass in abgelegenen Gegenden
der Erde noch bisher unbekannte Affen oder Menschenaffen
ein verborgenes Dasein führen. Denn von 1900 bis heute sind
erstaunlich viele große Tiere erstmals entdeckt und wissenschaftlich beschrieben worden. Darunter befinden sich auch
Primaten wie der Berggorilla (1902), der Kaiserschnurrbarttamarin (1907), der Bonobo (1929), der Goldene
Bambuslemur (1986), der Goldkronen-Sifaka oder Tattersall-
Sifaka (1988), das Schwarzkopflöwenäffchen (1990) und der
Burmesische Stumpfnasenaffe (2010).
Nach Ansicht von Kryptozoologen, die weltweit nach
verborgenen Tierarten (Kryptiden) suchen, leben auf der Erde
noch zahlreiche unbekannte Spezies, die ihrer Entdeckung

Erstmals 1902 wissenschaftlich beschrieben:
der Berggorilla (Gorilla beringei beringei)

harren. Bisher sind auf unserem „blauen Planeten" etwa 1,5 Millionen Tierarten bekannt. Manche Wissenschaftler vermuten, dass mehr als 15 Millionen Tierarten noch unentdeckt bzw. unbeschrieben sind.

Der verhältnismäßig junge Forschungszweig der Kryptozoologie wurde von dem belgischen Zoologen Bernard Heuvelmans (1916–2001) um 1950 benannt und gegründet. Er sammelte Tausende von Berichten, Legenden, Sagen, Geschichten und Indizien verborgener Tiere und prägte durch seine Fleißarbeit die Kryptozoologie nachhaltig.

Als Zweige der Kryptozoologie gelten die Dracontologie, die sich mit den Wasserkryptiden befasst, die Hominologie, die sich mit Affenmenschen beschäftigt, und die Mythologische Kryptozoologie, welche die Entstehungsgeschichte von Fabelwesen erforscht. Der Begriff Hominologie wurde 1973 durch den russischen Wissenschaftler Dmitri Bayanow eingeführt. In der Folgezeit haben Kryptozoologen verschiedene Untergliederungen der Hominologie vorgeschlagen.

Die Kryptozoologie bewegt sich teilweise zwischen seriöser Wissenschaft und Phantastik. Kryptozoologen wollen nicht glauben, dass unser Planet schon sämtliche zoologischen Ge-Geheimnisse preisgegeben hat, obwohl Satelliten regelmäßig die ganze Erdoberfläche überwachen. Nach ihrer Ansicht bleibt das, was unter dem Kronendach tropischer Regenwälder oder in den Tiefen der Ozeane existiert, selbst modernster Spionage-Technik verborgen.

Kryptozoologen zufolge gibt es auf der Erde noch erstaunlich viele bisher unbekannte Tierarten zu entdecken. Auf allen fünf Erdteilen – so glauben sie – leben beispielsweise große Affenmenschen. Die bekanntesten von ihnen sind „Yeti" im Himalaja, „Bigfoot" in Nordamerika, „Orang Pendek" auf Sumatra und „Alma" in der Mongolei. Als Affenmenschen

Erstmals 1907 wissenschaftlich beschrieben:
der Kaiserschnurrbarttamarin (Saguinus imperator)

Erstmals 1929 wissenschaftlich beschrieben:
der Bonobo (Pan paniscus)

Erstmals 1986 wissenschaftlich beschrieben:
der Goldene Bambuslemur (Hapalemur aureus)

12

Erstmals 1988 wissenschaftlich beschrieben:
der Goldkronen-Sifaka (Propithecus tattersalli)

Erstmals 1990 wissenschaftlich beschrieben:
das Schwarzkopflöwenäffchen (Leontopithecus caissara)

Schneemensch „Yeti",
Zeichnung von Philippe Semeria bei „Wikipedia"

Nordamerikanischer Affenmensch „Bigfoot",
„Zeichnung von User „Lizard King" bei „Wikipedia"

*Sibirischer
Affenmensch
„Chuchunaa“,
Zeichnung von
Shuhei Tamura*

Affenmensch „Orang Pendek" auf Sumatra,
Zeichnung von Shuhei Tamura

„De-Loys-Affe" in Südamerika.
Das Foto wurde angeblich 1920 aufgenommen.

gelten auch „Chuchunaa“ in Ostsibirien, „Nguoi Rung“ in
Vietnam, „De-Loys-Affe“ in Südamerika, „Skunk Ape“ in
Florida, „Yeren“ in China und „Yowie“ in Australien.
Affenmenschen heißen – laut „Wikipedia“ – „affenähnliche“,
das heißt nicht mit allen Merkmalen der Art *Homo sapiens*
ausgestattete Vertreter der „Echten Menschen“ (Hominiden).
Sie gehören zu den bekanntesten Landkryptiden.

Titelholzschnitt eines Werkes über
Johannes Schiltberger (1380– nach 1427) um 1570

Alma

Ein „wilder Mensch" nicht nur in der Mongolei

Der erste westliche Mensch, der von dem angeblich in Asien weit verbreiteten Affenmenschen „Alma" hörte, dürfte der aus Bayern stammende Soldat Johannes Schiltberger (1380– nach 1427) gewesen sein. Ihm erzählte man in den 1420-er Jahren in der Mongolei von einem merkwürdigen Geschöpf, das den mongolischen Namen „Alma" trug. Ins Deutsche übersetzt heißt dieses Wesen „Wildmensch" oder „Wilder Mensch". Johannes Schiltberger zog mit 15 Jahren als Knappe seines Herrn Leonard Reichartinger von München aus in den Krieg gegen die Osmanen. Nach der Niederlage des christlichen Heeres unter König Sigismund von Ungarn am 28. September 1396 kam Schiltberger in osmanische Gefangenschaft. Ab 1397 nahm er an den Feldzügen von Sultan Bayezid I. teil. Inder Schlacht bei Ankara geriet Schiltberger 1402 in mongolische Gefangenschaft. Danach gehörte er nacheinander zum Gefolge von Timur Lenk, Schah-Rukh, Miran Schah und Abu Bakr. Letzterer überließ ihn 1417 dem Kyptschak-Prinzen Cegre, der kurzzeitig mongolischer Khan der „Goldenen Horde" war. Bis 1422 lebte Schildtberger im Reich der „Goldenen Horde", das sich von Osteuropa bis nach Westsibirien erstreckte. Zeitweise erreichte er auch Gebiete östlich des Ural und im Kaukasus. 1426 konnte er nach Konstantinopel fliehen und 1427 nach Bayern zurückkehren, wo er dem späteren Herzog Albrecht III. diente.
Der gelegentlich als „deutscher Marco Polo" bezeichnete Schiltberger schrieb in sein Reisebuch: „Und in dem obgenanten perg (der Altai), do sein wild leut, die chain wanung

Altai-Gebirge in Innerasien

haben bei andern menschen und sie sein über rauch (behaart) an dem leyb, außgenummen an den henden und unter den antlütz und lauffen als andere thier in dem perg und essen auch laub und graß und was sie anchomen. Und der herre des obgenanten lands schenkt dem Edigi ein man und ein weyb der wilden leutt, die hett man in dem perg gefangen, und dreu wilde roß damitt, die man auch gefangen hett in dem per, und die roß sein in der größe als ein esel ...."

Das seltsame Wesen sichtete man im Laufe der Zeit meistens im Westen der Mongolei, im Altai-Gebirge (Innerasien), in Tadschikistan (Zentralasien) und im Tien Shan-Gebirge (China). Ein im Kaukasus beobachtetes ähnliches Geschöpf heißt „Almasty". Vom „Almasty" sprechen Tschetschenen, Inguschen, Kabardiner und Balkaren. Berichte über Sichtungen liegen aus vielen Gegenden von Eurasien vor. Kein Wunder, dass dieser Affenmensch unter mehr als 40 regional verschiedenen Namen bekannt ist. In Dagestan beispielsweise ist vom „Kaptar" die Rede, in Aserbaidschan vom „Mesheadam" und in Georgien vom „Tyks-Katsi".

„Alma" soll bis zu zwei Meter groß sein sowie eine flache Stirn, einen kegel- bis zapfenförmigen Hinterkopf, auffallende Augenbrauen, breite Schultern, lange Arme und einen mit rötlich-schwarzem Haar bedeckten Körper haben. Dieser scheue, vorwiegend nachtaktive und nomadisch lebende Affenmensch wird relativ selten gesichtet. Angeblich soll er gebückt auf zwei Beinen gehen, aber auch sehr schnell laufen können.

In der russischen und slawischen Folklore spielt ein weibliches Lebewesen namens „Rusalka" eine Rolle. Dieses nähert sich angeblich in Seen oder in Flüssen badenden jungen Männernund kitzelt sie mit großer Freude zu Tode. Diese unheimlichen Geschöpfe werden einerseits als eine hässliche,

Unheimliches Geschöpf:
„Rusalka“

affenartige Frau mit großen Brüsten, andererseits aber auch als eine schöne Meerjungfrau oder Wassernymphe geschildert. Einer hässlichen „Rusalka" soll nach Ansicht von Kryptozoologen der russische Schriftsteller Iwan Turgenjew (1818–1883) in den 1830-er oder 1840-er Jahren bei einem Bad in der Desna, einem Nebenflusses des Dnepr, begegnet sein. Diese unglaubliche Geschichte soll Turgenjew seinem französischen Schriftsteller-Kollegen Guy de Maupassant (1850–1893) erzählt haben, der hierüber die Erzählung „Die Furcht" schrieb. Darin heißt es, Turgenjew habe als junger Mann in dichten Wäldern gejagt und danach ein Bad im Fluss genommen. Während er schwamm, habe sich plötzlich eine Hand auf seine Schulter gelegt. Als er herumfuhr, erblickte er die Grimmasse einer nackten Frau, die wie ein Affenweibchen aussah. Von Furcht gepackt schwamm Turgenjew auf das Ufer zu. Doch die unheimliche Kreatur schwamm schneller als er und betastete ihn kichernd am Hals, Rücken und an den Beinen. Am Ufer angelangt rannte der junge Mann durch den Wald und wurde dabei von dem grunzenden und brummenden Wesen verfolgt. Zum Glück kam irgendwann ein mit einer Peitsche bewaffneter Ziegenhirte herbeigelaufen und schlug heftig auf die hässliche Kreatur ein, die unter Schmerzgeheul flüchtete.

Bei Expeditionen von Kryptozoologen glückten – nach deren eigenen Angaben – Funde von Fußspuren, Haarbüscheln und versteckten Nahrungsvorräten, die von „Almas" stammen sollen. Nach Berichten in der Sowjetpresse über englisch-amerikanische Expeditionen, die im Himalaja nach „Schnee-menschen" („Yetis") suchten, erhielten sowjetische Wissenschaftler und Journalisten 1956 viele Briefe über Sichtungen ähnlicher Geschöpfe aus Gebirgsprovinzen der „UdSSR". Darin äußerten sich Augenzeugen – darunter Lehrer, Ärzte,

Russischer Schriftsteller
Iwan Turgenjew (1818–1883)

28

Militärs und Hirten – erstaunt über das große Interesse an Expeditionen unter ausländischer Federführung, während ähnliche Lebewesen aus der „UdSSR" die sowjetische Wissenschaft offenbar gleichgültig ließen.

Im August 1957 erspähte der sowjetische Hydrogeologe Alexander G. Pronin bei einer wissenschaftlichen Expedition im Pamir angeblich einen „Alma". Als er dem Lauf des Flusses Balyandkiik folgte, erblickte er in einem Tal in etwa 500 bis 600 Meter Entfernung eine menschenähnliche Gestalt, die in gebückter Haltung auf einem schneebedeckten Südhang stand. Zunächst hielt Pronin dieses Geschöpf für einen Bären. Doch allmählich begriff er, dass es sich um ein menschenähnliches Lebewesen handelte. Diese Kreatur trug keine Kleidung, hatte einen gedrungenen Körper mit rötlichem Haar und ging vornüber gebeugt auf zwei Beinen.

1958 wurde eine sowjetische „Schneemenschen-Kommission" gegründet, die den zahlreichen Berichten über Affenmenschen im Land auf den Grund gehen sollte. Eine 1958 mit Tarnzelten, Teleobjektiven, eigens auf Menschenaffen abgerichteten Hunden sowie Schafen und Ziegen als Köder ausgerüstete Expedition sowjetischer Zoologen, Archäologen, Botaniker und Bergsteiger im Pamir endete nach neun Monaten erfolglos.

Im Pamir sollen im Herbst 1925 behaarte menschenähnliche Kreaturen in eine Höhle eingedrungen sein und eine fünf- köpfige Bande antisowjetischer Freischärler („Menschewiki") mit Knüppeln angegriffen haben. Angeblich wurde einer der Freischärler erschlagen und einer der „Wildmenschen" erschossen. Dies geschah, bevor die Freischärler von sowje- tischen Soldaten überwältigt wurden. Über diese Ereignisse berichtete später der sowjetische Generalmajor Michail Topilski, der die Leiche des getöteten Wildmenschen gesehen hat. Es handelte sich um ein 1,65 bis 1,70 Meter großes

Pamir: Heimat des Affenmenschen „Alma"?

30

Lebewesen mit fliehender Stirn, hervortretenden Augenbrauenwülsten, platter Nase, dunkler Gesichtshaut, mächtigem Brustkorb und Genitalien, die jenen eines Mannes glichen. Die Leiche wurde von den sowjetischen Soldaten mit einem Steinhaufen bedeckt. Bei der Verfolgung der antisowjetischen Freischärler und beim Rückzug hörten die Soldaten immer wieder Geschichten über behaarte Tiermenschen, die in den Bergen lebten, Menschen angriffen und ihnen den Kopf abrissen.

Die „Schneemenschen-Komission" wurde 1960 endgültig aufgelöst. Daran beteiligte Forscher setzten aber inoffiziell ihre Arbeit fort.

Die in Frankreich geborene russische Anatomin und Bergsteigerin Dr. Marie-Jeanne Koffmann hat nach jahrelangen Befragungen im Kaukasus eine Kartei mit mehr als 500 Aussagen von Augenzeugen angelegt, die dort menschen- und menschenaffenähnliche Geschöpfe gesichtet haben wollen. Diese Lebewesen wurden als zweibeinig, behaart und sprachlos beschrieben.

Bereits 1899 berichtete der russische Zoologe Professor Konstantin Satunin (1863–1915), er habe während einer Expedition im östlichen Kaukasus eine „wilde, mit Haaren bedeckte Frau" kurze Zeit beobachtet. Satunin gilt als renommierter Kenner der Tierwelt im Kaukasus. Seine Publikationen hierüber gelten bis heute als die umfassendste Darstellung.

Schier unglaublich klingt die Geschichte über einen weiblichen Affenmenschen namens „Zana" (auch „Sana") in Abchasien im westlichen Kaukasus. Als Erster trug der Zoologe Professor Alexander Maschkowtsew ab 1962 die Berichte über „Zana" zusammen und erforschte sie. Nach seinem Tod setzte der russische Historiker und Naturwissenschaftler Boris Porschnew diese Untersuchungen fort. Er trug im Laufe der Zeit

*Weiblicher „Abnauaju" namens „Zana",
Zeichnung von Talitha Wittich*

Hunderte von Berichten über Sichtungen zusammen. Porschnew hat 1968 in der Zeitschrift „Prostor" in russischer Sprache den Beitrag „Der Kampf für die Troglodyten" veröffentlicht. In Abchasien bezeichnet man die dort bekannten „Wildmenschen als „Abnauaju". Das ist ein regionaler Eigenname des „Almasty" oder „Alma", wie der russische Schneemensch heißt.

Der weibliche „Abnauaju" namens „Zana" wurde angeblich in den 1850-er Jahren in den Bergen eingefangen und gezähmt. Die Gefangennahme soll nicht zufällig, sondern geplant erfolgt sein. Die mit einer uralten Technik vertrauten Jäger hätten „Zana" gefesselt und, als sie sich wütend wehrte, mit Knüppeln auf sie eingeschlagen, sie mit mit einem Stück Filz geknebelt und ihre Beine an einem Holzklotz festgebunden.

Danach hat man „Zana" verkauft. Anschließend nahm sie der Prinzregent der Region Zaadan, D. M. Atschba, in Besitz. Danach kam „Zana" in den Besitz eines Vasallen des Prinzregenten namens Tschelokua. Letzterer machte sie dem Edelmann Edgi Genaba, der die Region besucht hatte, zum Geschenk. Genaba brachte die gefesselte und angekettete „Zana" auf sein Anwesen in dem abchasischen Dorf Tchina an der Mokwa, das 75 Kilometer von Suchumi entfernt ist.

Der neue Herr sperrte „Zana" zunächst in einem robusten Gehege ein. Weil sie sich darin wie ein wildes Tier gebärdete, hatte man Angst, das Gehege zu betreten und warf ihr das Essen hinein. „Zana" grub sich ein Loch in den Erdboden, das ihr als Schlafstelle diente. Drei Jahre lang hauste „Zana" in dem Gehege, bis sie allmählich zahmer wurde und sich langsam an die Menschen gewöhnte. Nun durfte sie in eine Einfriedung mit einem Holzzaun und einer Plane umziehen, die sich in der Nähe eines menschlichen Hauses befand. Anfangs band man sie noch an, später erlaubte man ihr, sich frei zu bewegen. „Zana" entfernte sich aber nie weit von jenem Ort, wo man ihr etwas zu essen gab.

Weil „Zana" beheizte Räume nicht ertrug, schlief sie das ganze Jahr über – sogar bei schlechtem Wetter – in einer Grube, die sie unter einer Plane gegraben hatte. Dorfbewohner ärgerten sie zuweilen mit Holzstöcken, die sie durch den Zaun steckten und mit denen sie auf „Zana" einstachen. Wütend schnappte „Zana" nach Menschen, die sie auf diese Weise reizten, fletschte ihre Zähne und ließ ein Heulen ertönen. Beschreibungen zufolge erreichte die stämmige „Zana" eine Körperhöhe von etwa zwei Meter. Angeblich besaß sie ein furchterregendes Gesicht mit niedriger Stirn, Augen mit einem Stich ins Rote, eine platte Nase mit nach außen gerichteten Nasenlöchern, auffallend hervorstehende Wangenknochen, einen breitem Mund, schnauzenartigen Kiefer und breite Zähne. Am meisten Furcht erzeugte ihr vollkommen tierhafter und keineswegs menschlicher Gesichtsausdruck. Mit ihren großen, weißen Zähnen konnte sie selbst die härtesten Walnüsse mühelos knacken, heißt es. Manchmal soll sie spontan gelacht haben. Das Kopfhaar war zerzaust und wild und hing ihr wie eine Mähne den Rücken hinab.

„Zana" hatte angeblich mächtige Brüste, muskulöse Arme und Beine, lange und dicke Finger, ein dickes Gesäß und Zehen, die sie stark abspreizen konnte. Ihre Haut war schwarz oder dunkelgrau. Ihr Körper wurde von rötlichem bis schwarzem Haar bedeckt. Sie lernte niemals sprechen und gab normalerweise nur unverständliche Laute und Gemurmel von sich. Wenn man sie reizte, reagierte sie darauf mit Geschrei. Falls man ihren Namen aussprach, regierte sie darauf, befolgte Befehle ihres Besitzers aus und erschrak, wenn dieser sie anschrie. „Zana" lebte viele Jahre bei Menschen, ohne sich äußerlich merklich zu verändern. Ihre Haare wurden nicht grau, ihre Zähne fielen nicht aus und sie blieb kräftig und fit.

„Zana" soll über enorme Körperkraft verfügt haben. Angeblich konnte sie schneller laufen als ein Pferd. Scheinbar mühelos hob sie mit nur einer Hand einen 80 Kilogramm schweren Sack mit Mehl auf und trug ihn bergauf von der Wassermühle bis ins Dorf. Sie schwamm das ganze Jahr gern und durchschwamm sogar dann noch die tosende Mokwa, wenn diese bei Hochwasser stark angestiegen war. Auf Bäume kletterte sie, um Obst zu ernten. Gegessen hat sie mit bloßen Händen und mit großem Heißhunger alles, was man ihr anbot. Wenn sie Wein getrunken hatte, schlief sie stundenlang in ohnmachtsartigem Zustand.

Auch im Winter zog „Zana" es vor, nackt zu sein. Wenn man ihr Kleider gab, riss sie diese in Fetzen. Sie gewöhnte sich nur an einen Lendenschurz und trug diesen zeitweise. Falls sie in das Haus ihres Herrn ging, fürchteten sich die darin aufhaltenden Frauen vor ihr. Wenn sie zornig war, blickte sie furchterrend drein und biss mitunter sogar zu. Bedingungslos gehorchte sie ihrem Herrn Edgi Genaba. Obwohl „Zana" nie Kinder angriff, benutzten Erwachsene sie als Schrecksgespenst für ihren Nachwuchs, wenn sie nicht hören wollten. „Zana" soll auch einfache häusliche Arbeiten wie Korn mahlen, Brennholz und Wasser holen, Säcke zur Wassermühle transportieren und ihrem Herrn die Schaftstiefel ausziehen gelernt haben.

Der Anblick der wilden Frau mit imposanten Brüsten und Pobacken, die – wie erwähnt – gern unbekleidet oder halbnackt war, hat die Männerwelt nicht unbeeindruckt gelassen. „Zana" wurde von verschiedenen Männern geschwängert und sie hat insgesamt vier Kinder – nämlich zwei Söhne und zwei Töchter – geboren.

Nach ihren ersten Entbindungen wusch „Zana" das Neugeborene jeweils im kalten Wasser einer Quelle. Ihre Misch-
lingskinder überlebten diese strapaziöse Prozedur nicht und
starben. Nach späteren Entbindungen nahmen Dorfbewohner
das Neugeborene jeweils rechtzeitig weg und zogen es auf.
So geschah es insgesamt viermal. Die Kinder von „Zana"
sollen einige merkwürdige körperliche und geistige Eigen-
schaften besessen haben, entwickelten sich aber wie normal
entwickelte Menschen mit Sprachvermögen und Vernunft und
nahmen als Erwachsene am Arbeits- und Gesellschaftsleben
teil.

Der erste Sohn von „Zana" erhielt den Namen „Dsanda"
(geboren 1878). Die erste Tochter hieß „Kodsanar" (geboren
1880). Danach kamen die zweite Tochter „Gamasa" (geboren
1882) und der zweite Sohn „Chwit" (geboren 1884) zur Welt,
der 1954 im Alter von 70 Jahren starb. Sämtliche Kinder von
„Zana" hatten später ebenfalls Kinder. Einem Gerücht zufolge
soll Edgi Genaba der Vater von „Gamasa" und „Chwit"
gewesen sein. Doch bei einer Volkszählung hat man sie unter
dem Familiennamen Sabekia registriert. „Zana" wurde nach
ihrem Tod in den 1880-er oder 1890-er Jahren auf dem
Friedhof der Familie Genaba unweit des Dorfes Tchina
beerdigt. Ihre beiden jüngsten Kinder sind von der Ehefrau
von Edgi Genaba aufgezogen worden.

Die Kinder von „Zana" waren wie ihre Mutter sehr stämmig
und dunkelhäutig, hattten aber von ihrem jeweiligen Vater
die menschlichen Merkmale geerbt. Chwit beispielsweise war
sehr kräftig, schwierig im Umgang und reizbar. Bei einer seiner
vielen Schlägereien mit seinen Mitmenschen verlor er seine
rechte Hand. Aber die linke Hand reichte ihm zum Mähen
und zu anderen Arbeiten auf einer Kolchose. Im reiferen Alter
zog er in die Stadt Tkwartscheli. Nach seinem Tod überführte

man seinen Leichnam in das Dorf Tchina und bestattete ihn dort.

Der Wissenschaftler Boris Porschnew konnte noch zwei Enkel von „Zana" selbst befragen und untersuchen. Im September 1964 unternahmen Porschnew und der Archäologe V. S. Orelkin erstmals einen Versuch, das Grab von „Zana" zu finden. Doch auf dem stark überwucherten Friedhof bei Tchina und im Farnkraut, das den Hang bedeckte, war nur der damals zehn Jahre alte Erdhügel über dem Grab von „Chwit" erkennbar. Nach Aussagen älterer Einwohner und des 79-jährigen Kenton aus der Genaba-Sippe sollte man unter einem Granatapfelbaum graben. Dort stießen Porschnew und Orelkin auf Überreste eines der beiden früh gestorbenen Enkel von „Zana". Das Profil des Schädels glich sehr demjenigen der beiden noch lebenden Enkel, denen Porschnew begegnet war. Auch bei zwei weiteren Grabungs-Expeditionen fand man das Grab von „Zana" nicht. Erst bei der dritten Expedition im Oktober 1965 entdeckte man vermutlich Knochen der Tochter „Gamasa" von „Zana".

Nach dem Tod von Porschnew unternahm dessen Mitarbeiter Igor Burtsew 1971, 1975 und 1978 weitere Grabungs-Expeditionen, bei denen das Grab von „Zana" gesucht wurde. Inzwischen lebte der letzte Angehörige der Genaba-Sippe bereits nicht mehr. Weil man das Grab von „Zana" nicht fand, öffneten Igor Burtsew und Professor N. Burtschak-Abramowitsch die letzte Ruhestätte ihres Sohnes „Chwit" und bargen dessen Überreste. Burtesew brachte den exhumierten Schädel von „Chwit" nach Moskau, wo er von den Anthropologinnen M. A. Kolodjewa und M. M. Gerasimowa untersucht wurde. Kolodjewa verglich den Schädel von „Chwit" mit männlichen Schädeln aus Abchasien, die im „Anthropologischen Institut der Moskauer Staatsuniversität"

Wolfskind „Mogli"
aus „The Second Jungle Book" (1895)

38

aufbewahrt werden, und stellte gravierende Unterschiede fest. Der „Tchina-Schädel" zeigte eine eigentümliche Kombination moderner und altertümlicher Merkmale. Der „Tchina-Schädel" gleich am meisten den „Wownigi-Il-Schädeln" aus der Jungsteinzeit (Neolithikum).

Für Kryptozoologen stellen sich interessante Fragen: War „Zana" nur ein verwilderter Mensch (etwa ein so genanntes „Wolfskind") und deshalb zu keiner sozialen Bindung gegenüber Menschen fähig? Oder war sie ein „Relikthominide", also ein enger Vorfahr oder Verwandter des modernen Menschen? Oder war „Zana" ursprünglich eine normale Frau, die eventuell wegen einer Krankheit oder Fehlbildung von ihren Eltern in der Wildnis ausgesetzt wurde und dort verwilderte? Litt „Zana" etwa an einer über das übliche Maß an geschlechtsspezifischer Behaarung an sonst stets unbehaarten Stellen, die man als Hypertrichose bezeichnet?

Im November 1958 informierte der Arzt Vazghen Sergejewitsch Karapetian die „Schneemenschen-Kommission" der „Sowjetischen Akademie der Wissenschaften" über eine ehemalige persönliche Begegnung mit einem merkwürdigen behaarten Geschöpf in Dagestan im Kaukasus. Man hatte den damaligen Oberleutnant des Sanitätskorps im Dezember 1941 hinzugezogen, um eine von der Bürgerwehr aufgegriffene, männliche, dicht behaarte Kreatur mit tierhaftem Gesichtsausdruck zu untersuchen. Man wollte klären, ob der seltsame Mann eventuell ein verkleideter feindlicher Saboteur war.

Laut Karapetian handelte es sich um eine vollkommen wilde Kreatur, die fast komplett mit dunkelbraunen Haaren wie von einem Bärenpelz bedeckt war. Dieser Mann war etwa 1,80 Meter groß, stand aufrecht mit herabhängenden Armen und hatte einen mächtigen Brustkorb. Sein Gesicht war nur leicht behaart und er hatte keinen Bart. Von Menschen

*Das „Affenmädchen" Tognina (Antonia) Gonsalvus
aus Frankreich litt an Überbehaarung (Hypertrichose),
Gemälde von Lavini Fontana (1552–1614)*

unterschied sich dieses Geschöpf durch seine tierartige Behaarung, seine Kälteunempfindlichkeit, den tierähnlichen Ausdruck seines Gesichts und seiner Augen sowie durch seine Läuse, die merklich größer und anders waren als bei Menschen. Nach der medizinischen Untersuchung teilte Karpetian der Bürgerwehr mit, es handle sich um keinen verkleideten Menschen, sondern um eine sehr wildes Wesen. Ungeachtet dessen wurde der Gefangene vermutlich von einem Exkutionskommando als Saboteur hingerichtet.

Kurz nach dem Besuch von Karpetian bei der „Schnee-menschen-Kommission" berichtete K. Leontiew, der oberste Jagdinspektor von Dagestan, er habe im August 1958 im Hochgebirge ein ähnliches Geschöpf erblickt. Detailliert beschrieb er die im Schnee hinterlassenen Fußabdrücke dieses Lebewesens.

Im August 1959 entschloss sich Dr. Marie-Jeanne Koffmann, die an Dagestan grenzenden südlichen Ausläufer des Großen Kaukasus aufzusuchen, um dort Augenzeugen zu befragen. Einen Monat später kehrte sie mit Aussagen von 40 Menschen, die angeblich persönlich einem „Waldmenschen" begegnet sind, nach Moskau zurück.

Ab Dezember 1959 erfuhr Marie-Jeanne Koffmann interes-sante Neuigkeiten über die angebliche Beziehung des „Almasty" zu Pferden. Es hieß, dieser Wildmensch nähere sich Pferden, tue ihnen aber nichts zu Leide. Laut dem in verschiedenen Regionen verbreiteten Volksglauben besteige der „Almasty" Pferde und reite diese bis zur Erschöpfung. Nach anderen Schilderungen sauge dieser so genannte Relikthominide am Euter von Pferdestuten. „Angeblich soll die Kreatur die Mähnen der Pferde flechten, Haarschlingen als Steigbügel benutzen, sich bäuchlings mit dem Kopf nach hinten auf den Pferderücken legen und, sich mit einer Hand an der Schwanzwurzel festhaltend, unter den Pferdebauch hängen und in der Bewegung am Euter saugen", schrieb Professor Porschnew.

Im Laufe der Zeit trug Koffmann Aussagen von mehr als 500 „Almasty"-Augenzeugen zusammen. Talib Kumyschew (63) aus dem Dorf Kamennomost in der Kabardino-Balkarischen Republik beispielsweise berichtete, an zwei Tagen Ende Mai oder im Juni 1930, 1931, 1932 hätten Hirten drei unter einem Felsüberhang sitzende „Almasty" gesehen. Dabei habe es sich vermutlich um einen Mann und um zwei Frauen gehandelt, die unerträglich gestunken hätten. Chadji Murat (23) aus Belokany in Aserbaidschan beobachtete angeblich im Herbst 1950 einen hässlichen weiblichen „Kaptar", der nachts im Fluss Belokan-Chay badete. Als „Kaptar" bezeichnet man in Aserbaidschau und Dagestan einen Hominoiden. Mit seinen riesigen, langen Händen schöpfte das seltsame Lebewesen jedesmal einen halben Eimer Wasser und spritzte sich dieses auf seine Schultern. Dann griff die Kreatur zu ihren sehr langen Brüsten und schleuderte diese auf das Wasser und bespritzte sich erneut auf den Schultern. Der Kinderarzt Ivan Ivlov erfuhr von mongolischen Kindern, dass sie einen „Almasty" gesehen hätten. Weder die Mongolen-Kinder noch die „Almasty"-Kinder hätten Angst voreinander.

Im März 1978 entdeckte Marie-Jeanne Koffmann im Tal Dolina Narsanow im nördlichen Kaukasus eine Reihe von Fußspuren des „Almasty". Koffmann hat weder ihre Fotos noch eine Beschreibung der Fußabdrücke publiziert. In dem Buch „Auf den Spuren des Schneemenschen. Der russische Yeti" von Dmitri Bayanow sind Fotos von dieser Entdeckung zu sehen. Ein Foto zeigt die Bergung eines kompletten, mit Leim gehärteten Fußabdrucks durch Koffmann. Auf einem anderen Foto versucht ein Expeditonsteilnehmer mühsam, neben den „Almasty"-Spuren Schritt zu halten. Die Schrittweite des Spurenerzeugers war offenbar größer als bei Menschen.

Im August 1967 und im September 1979 erblickte angeblich jeweils ein Russe im Kaukasus unabhängig voneinander eine ungefähr drei Meter große Kreatur. Beide Begegnungen erfolgten hoch oben in den Bergen, eine davon sogar im ewigen Schnee.

Der in Georgien geborene und aufgewachsene sowie später in die USA auswanderte Bildhauer George Papaschwily (1898–1978) hat laut eigener Aussage als Jugendlicher womöglich eine Höhle betreten, die von „Schneemenschen" zum Sterben aufgesucht wurde. Während einer Bergwanderung drang er zusammen anderen Jugendlichen aus seinem Dorf in eine abgeschiedene Höhle ein. Darin lagen angeblich riesige weiße Knochen menschenähnlicher Lebewesen. Ihr Schädel sollen so groß wie ein Weinkrug gewesen sein. Durch die Augenhöhlen passten die Fäuste der Jugendlichen. In den massiven Kiefern befanden sich Zähne, die so groß wie bei einem Pferd waren. Die imposanten Rippen taugten angeblich zum Bau eines Käfigs für eine Henne mit all ihren Küken. Die langen Arme hatten Hände mit fünf Fingern. Breiter als ein Ochsenjoch erschienen die Beckenknochen. Nach den Schilderungen der jugendlichen Entdecker waren sowohl der Oberschenkel als auch der Unterschenkel jeweils ungefähr 60 Zentimeter lang. Die großen Füße hatten Zehen. Einer der alten Männer aus dem Dorf erinnerte sich damals, sein Urgroßvater haben einst den Fußabdruck eines Riesen im Schnee gesehen. Einer der Alten hatte sogar gehört, einige Riesen lebten immer noch auf dem Gipfel des Kabek. Nachzulesen ist dies dem Buch „Home, and Home Again" (1973), in dem George Papaschwily seine

Kindheit in einem georgischen Dorf im vorrevolutionären Russland schilderte.

Mit dem „Almasty“ befasste sich auch der Arzt Andrej Koslow aus dem Ural. Er untersuchte Fußspuren und zog daraus Schlüsse über die Anatomie ihres Erzeugers.

Als eifriger Sammler von Berichten seiner Freunde und Bekannten über die Sichtung eines „Almasty“ tat sich der Bergsteiger Leonid Samjatin aus dem Kaukasus hervor. Einer der Augenzeugen ist Joseph Kachiani, der von einem Anderen eine unglaubliche Geschichte hörte: Ein großes, kräftiges, liebestolles und behaartes weibliches Geschöpf soll versucht haben, einen Bergsteiger, der auf einem Pferd unterwegs war, zu sich herabzuziehen. Die Kreatur hatte eine Hand des Mannes ergriffen, der sich mit seiner anderen Hand fest an seiner Zügelschlaufe festhielt. Glücklicherweise kam auf jener Bergstraße ein Lastwagen um die Kurve und die Liebestolle verschwand.

Im August 1981 erzählte der sowjetische Bergsteiger Igor Tatsl der Wochenzeitung „Moscow News Weekly“, er und Kollegen hätten einen „Yeti“ gesehen. Sie hätten versucht, mit ihm freundlich Kontakt aufzunehmen. An einem Nebenfluss des Varzog, der durch die Gissar-Mountains im Pamir-Altai-Bereich von Tadschikistan rauscht, hätten sie einen Fußabdruck entdeckt, von dem sie einen Gipsausguss angefertigt hätten. Von russischen Kryptozoologen – wie Dmitri Bajanow – wurde diese Nachricht skeptisch aufgenommen.

Zum Hominologen entwickelte sich der Biologe Nikolai Awdejew, nachdem er 1975 in Moskau dem Generalmajor M. S. Topilsky begegnet war, der – wie erwähnt – behauptet hatte, 1925 im sowjetischen Teil von Zentralasien einen erschossenen Wildmenschen gesehen zu haben. Awdejew forschte fortan im Ural und in der westlich des Nordurals liegenden Antonomen Republik Komi. Im August 1986 beispielsweise leitete er eine Expedition in das Timansky-Gebirge in der Republik Komi. Dort erfuhr er von drei Augenzeugen, die einen „Wildmenschen" namens „Jagmort" (Jag = Kiefernwald, mort = Mann" gesehen haben wollen. Einer dieser Augenzeugen, ein 31-jähriger Jäger, teilte im September 1986 brieflich mit, er habe in den oberen Ausläufern des Flusses Belaja Kedwa nahe einer Höhle eine dreiköpfige „Jagmort"-Familie mit Vater, Mutter und Kind beobachtet.

Der Vater war angeblich mehr als zwei Meter groß. Die merklich kleinere Frau hatte lange, hängende Brüste. Merklich länger als bei Menschen waren die Arme. Der Brief des Augenzeugen bewog Awedejew, zurückzukehren und mit Hilfe des Jägers die Höhle zu finden und zu untersuchen. Etwa vier Kilometer von der Höhle entfernt schlugen Adwedej und der Jäger am 1. Oktober 1986 ihr Nachtlager auf. Weil es noch hell war, hielt Adwedej in der Umgebung Ausschau nach Spuren. Das Glück war ihm hold: Er entdeckte neben einem Bach auf sandigem Boden etliche menschenähnliche, nahezu plattfüßige Fußabdrücke. Einen besonders deutlichen Fußabdruck fotografierte er und goß ihn mit Gips aus. Dieser Abdruck war 32 Zentimeter lang sowie im Bereich des Fußballens mit 14 Zentimeter erstaunlich breit. Die Schrittweite betrug fast einen Meter. Am nächsten Morgen schoss ein unsichtbarer Schütze dreimal auf Awedjew und den Jäger und rief aus dem Dickicht jenseits des Baches, sie sollten keinen Schritt weiter gehen, sie hätten in der Höhle nichts zu suchen, sollten sofort umkehren und nach Hause gehen. Die beiden Männer folgten der Aufforderung und traten den Rückmarsch an. Unterwegs erklärte der Jäger, seine Landsleute (vor allem alte Männer) glaubten, jegliche Beschäftigung mit dem Jagmort würde den Einwohnern von Komi großes Unglück bringen.

Katz und Maus spielte angeblich ein riesiges hellgrau behaartes Lebewesen mit Jugendlichen aus Lowozero, die im August 1988 im Lowozero-See auf der Halbinsel Kola fischten. Die jungen Leute hatten etwa 40 Kilometer von ihrem Wohnort Lowozero entfernt am bewaldeten Ufer des Sees eine Hütte gebaut. Über ihre aufregenden Begegnungen mit einem schätzungsweise zweieinhalb Meter großen behaarten Lebewesen berichtete später der Kryptozoologe Leonid Jerschow. Als sie am Abend des 11. August 1988 am Lagerfeuer saßen, hatten die Burschen das Gefühl, jemand würde im Gebüsch lauern. Kurz danach erschien tatsächlich ein riesiges Geschöpf, dem sie den Spitznamen „Afonja" gaben, und umrundete ihre Hütte. Auch in den nächsten Tagen sahen die jungen Leute „Afonja" immer wieder. „Afonja" warf wiederholt mit Steinen, klopfte mehrfach an Wand und Fenster der Hütte, riss sogar an zwei Tagen die Tür auf, trat aber nicht ein, stieg manchmnal auf das Dach. Einmal warf „Afonja" angeblich einen Birkenpfahl über eine schätzungsweise 40 Meter hohe Tanne. Das Wurfgeschoss landete nahe eines der Boote der Jugendlichen. Ein andermal fuhren die Jugendlichen 45 Stundenkilometer schnell mit ihren Motorbooten, als ihnen „Afonja" folgte. Doch dieser ließ sich nicht abschütteln und war früher als sie am Anlageplatz. Die Geschichten der jungen Leute klangen so unglaublich, dass man die später ver-dächtigte, Drogen genommen zu haben. Ende August kamen zwei Fernsehteams aus Murmansk und Leningrad sowie 25 Jäger mit vier Hunden. Die Fernsehleute interviewten und filmten die Augenzeugen, die Jäger durchkämmten erfolglos die Umgebung der Hütte und das Seeufer.

Am 1. September erschien der Kryptozoologe Leonid Jerschew in Begleitung von sechs einheimischen Jägern und eines Hundes am Schauplatz der „Afonja"-Sichtungen. Er entdeckte etwa einen halben Kilometer von der Hütte entfernt undeutliche Fußabdrücke mit einer Schrittlänge von 1,20 bis 1,30 Meter. An zwei anderen Stellen stieß er auf weitere Fußabdrücke, von denen einer rund 39 Zentimeter Länge erreichte. Drei größere Kothaufen konnten von den Jägern nicht identifiziert werden. Am Rand einer Lichtung wurde im Gras womöglich ein Lager von „Afonja" gefunden und 13 Haare geborgen. Am selben Tag erblickte ein Ehepaar namens Popow nach dem Pilzesammeln in jener Gegend einem Hügel vier Flecken, die sich rasch zu bewegen schienen. Es soll sich nicht um Rentiere gehandelt haben, weil diese Lebewesen eine vertikale Gestalt wie ein Mensch hatten.

Im Sommer 1989 häuften sich Meldungen über Sichtungen von Hominoiden aus der Region Saratow an der unteren Wolga südlich von Moskau. Bei den Augenzeugen handelte es sich um Bauern, Hirten und Kinder. Russische Kryptozoologen vermuteten, die Gegend von Saratow sei damals von einer Familie oder Gruppe von Hominoiden verschiedenen Alters aufgesucht worden. Besonders viele Sichtungen erfolgten in Getreidefeldern, eine ereignete sich in einem Gewächshaus. Experten spekulierten, diese Hominoiden seien wegen einer Dürre in bewaldeten Nachbarregionen in das landwirtschaftlich gepägte Gebiet von Saratow eingedrungen.

Schier Unglaubliches geschah am 21. September 1989 in der Apfelplantage einer Kolchose namens „Fortschritt" im Süden der Region Saratow an der unteren Wolga südöstlich von Moskau. Dort überwältigten vier Wächter, welche die Äpfel vor Dieben schützen sollten, einen ungefähr 1,80 Meter großen, unbekleideten, mit Ausnahme des Gesichts, der

Handteller und der Fußsohlen behaarten und übel riechenden „Wildmenschen". Einer der Männer zog das seltsame Geschöpf mit einem an die Kehle angesetzten Stock nach hinten, der Zweite umklammerte die Füße, der Dritte zog an den Armen. Dann warfen die vier Wächter den Wildmenschen zu Boden, fesselten seine Arme an den Ellbogen, zwängten ihren Gefangenen in den Kofferraum und schlugen den Deckel zu. Anschließend fuhren die Männer zum zentralen Büro der Kolchose und riefen bei der Milizstation an, was zu tun sei. Die Antwort lautete, die Wächter sollten den „Wildmenschen" über Nacht in der Kolchose festhalten, Am nächsten Morgen würde Milizionäre vorbeikommen. Weil der Verantwortliche der Kolchose sich weigerte, den Gefangenen für eine Nacht in einem teilweise mit Äpfeln gefüllten Lagerraum unterzubringen, fuhren die Wächter mit dem Auto und ihrem Gefangenen im Kofferaum zur Apfelplantage zurück. Als sie dort ankamen, tobte der „Wildmensch" im Auto und der ganze Wagen wurde kräftig geschüttelt. Einer der vier Männer ging zum Kofferraum, um zu überprüfen, ob dieser abgeschlossen war. Dabei drückte er versehentlich auf den Knopf, worauf der Kofferraumdeckel aufsprang. Inzwischen hatte der Gefangene, das Seil, mit dem seine Arme gefesselt waren, durchtrennt, richtete sich auf, verließ den Kofferraum und verschwand in der Dunkelheit. Seine Gefangenschaft im Kofferraum hatte etwa drei Stunden gedauert. Wegen des fauligen Gestanks des „Wildmenschen" wuschen die Wächter den Kofferraum sorgfältig aus. Aus diesem Grund konnten Forscher später dort keine Haare entdecken.

Großes Aufsehen in der Öffentlichkeit erregte der russische Biologe Gregory Pantschenko, als er behauptete, er habe nachts in der Kabardei im Kaukasus einige Minuten lang einen „Almasty" beobachtet. Pantschenko befragte damals Einheimische über ihre Sichtungen, als ihm jemand am 25. August 1991 kurz vor seiner geplanten Abreise erzählte, ein „Almasty" habe während der letzten Wochen in der Kuruko-Schlucht die Mähne eines Pferdes geflochten. Daraufhin verschob Pantschenko seine Abreise und marschierte mehrere Kilometer weit zum Dorf Kuruko. Dort sprach er mit dem damals 60-jährigen Ali Mukow, der einen Wallach, mit dem er ritt, und eine Stute mit einem lahmen Hinterfuß besaß. In den letzten zwei Wochen hatte Mukow immer wieder Haarflechten an der Mähne der Stute beobachtet. Er entwirrte die Knäuel zunächst, gab dies aber später auf.

Mukow vermutete, das unbekannte Wesen, das die Mähne seiner Stute flocht, gelange durch ein unverglastes Fenster über dem Scheunentor in mehr als drei Meter in die Scheune. Nachdem Mukow mit seinem Wallach davongeritten war, um im Dorf Kuruko zu übernachten, trat Pantschenko eine Nachtwache in der Scheune in der Kuruko-Schlucht an. Der Biologe verteilte einige Lockspeisen wie Brot, Trockenfleisch und saure Milch. Die Stute gab damals keine Milch. Dann versteckte sich Pantschenko hinter einer Decke, die von einer alten Couch herabhing. Die Couch stand an einer Wand gegenüber der Futterkrippe, an der die Stute festgebunden war. Von seinem Versteck aus konnte Pantschenko das Fenster über dem Tor und die Stute beobachten.

Weil Pantschenko wegen seines Eilmarsches durch die Berge mit schwerem Gepäck sehr müde war, schlief er unter seinem Versteck ein. Plötzlich weckte ihn das Schnauben des Pferdes und er sah im Licht des Vollmondes, welches durch das Fenster einfiel, ein bei der Stute stehendes Geschöpf, das deren Mähne zu flechten schien. Der unbekannte nächtliche Besucher ließ ein hohes und aufgeregtes Piepsen ertönen, das sich wie Vogelzwitschern anhörte. Gelegentlich wurde dieses Piepsen

Affenmensch
„Alma“,
Zeichnung von
Shuhei Tamura

von einem Schmatzen sowie von Geräuschen, wie sie beim
Hinunterschlucken von Speichel entstehen, unterbrochen. Der
unheimliche Unbekannte erreichte nach Einschätung von
Patschenko eine Körperhöhe von etwa 1,70 bis 1,75 Meter.
Sein Kopf versank optisch zwischen den Schultern, die breiter
als seine Hüften waren. Die Arme wirkten länger die als
diejenigen eines Menschen. Das Gesicht war nicht genau zu
erkennen. Die Kreatur stand zunächst etwa sechs Meter vor
dem Versteck von Patschenko. Dann entfernte sie sich kurz
vom Pferd und verschwand aus dem Blickfeld. Als sie später
als Silhouette wieder vor dem hellen Teil der Scheune erschien,
war sie rund vier Meter entfernt. Einige Sekunden danach
schritt der Besucher auf das verschlossene Scheunentor zu,
sprang vermutlich auf einen Wandbalken und dann durch die
Fensteröffnung ins Freie. Pantschenko hörte, wie das Geschöpf
auf dem Erdboden landete und sich entfernte. Ein Blick auf
seine Uhr im Schein seiner Taschenlampe zeigte Pantschenko,
dass der mysteriöse Besucher die Scheune ungefähr um drei
Uhr nachts verlassen hatte. Von den Lockspeisen fehlte nur
das Brot. An der Mähne der Stute konnte man neue sehr
ungelenk geflochtene Stellen erkennen. Pantschenko vermutete, der nächtliche Besucher sei ein jugendlicher
„Almasty" gewesen. Bessere Flechten in der Mähne seien
entstanden, wenn die Stute die Nacht im Freien verbrachte
und sich ein erwachsener „Almasty", womöglich die Mutter
des Jugendlichen, an dem Pferd zu schaffen machte. Bei
weiteren Nachtwachen kam der mysteriöse Besucher nicht
mehr zurück. In der Literatur heißt es, das Geschöpf sei nicht
eindeutig affenähnlich, aber auch nicht menschlich gewesen.
Es habe Ähnlichkeit mit einem prähistorischen Menschen
besessen. Bereits 1983 glaubte die britische Anthropologin
Myra Shackley, die „Almas" aus Kaukasien und der Mongolei

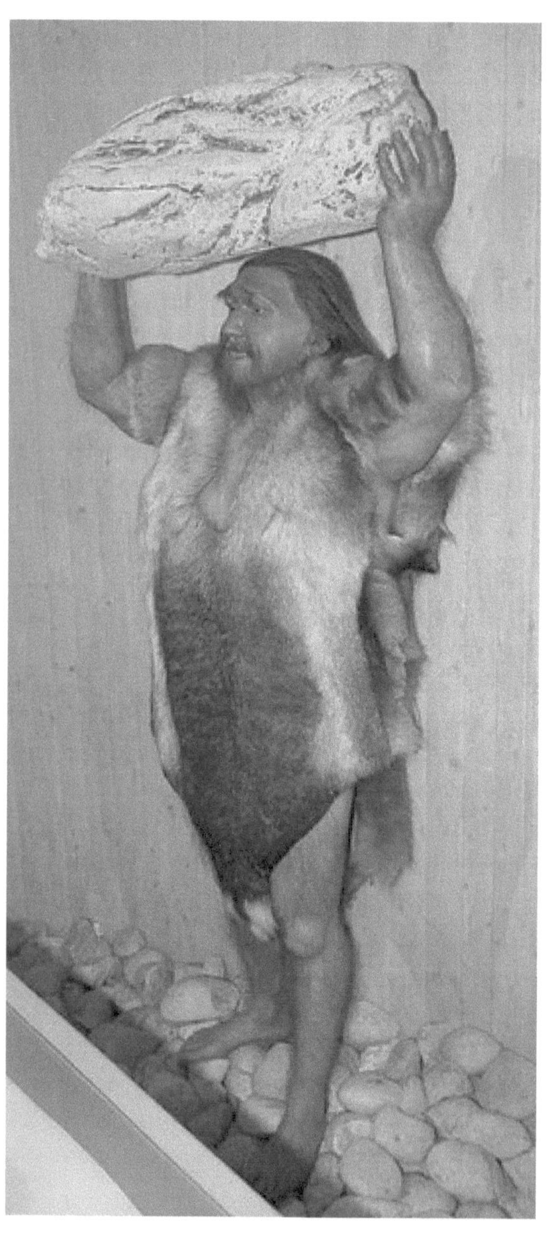

*Rekonstruktion
eines männlichen
Neandertalers
im „Neanderthal-
Museum"
bei Mettmann*

seien Nachkommen der Neandertaler. Sie teilte damals in ihrem Buch „Still living?" die affen- und menschenähnlichen Kryptiden in drei Kategorien auf:

1. „Chuchunaas": Damit bezeichnete Shackley menschenähnliche Hominoide aus Sibirien. Nach ihrer Ansicht sind diese heute ausgestorben.

2. „Sasquatch" oder „Yeti" aus Nordamerika, dem Himalaja, Pamir, Sibirien und China. Wie Grover S. Krantz deutete sie diese als überlebende Gigantopitheciden.

3. „Almas": Diese Kryptiden aus Kaukasien und der Mongolei betrachtete Shackley als überlebende Neandertaler.

Nach offizieller Lehrmeinung existierten die Neandertaler vor etwa 300.000 bis 30.000 Jahren in Europa. Der Begriff Neandertaler erinnert an das Neandertal bei Düsseldorf-Mettmann in Nordrhein-Westfalen, wo 1856 in der „Kleinen Feldhofer Grotte" der berühmteste Neandertaler-Fund geglückt war. Shackley hat 1988 das Buch „Und sie leben doch. Bigfoot, Almas, Yeti und andere geheimnisvolle Wildmenschen" veröffentlicht.

Die frühen Neandertaler aus der Zeit vor etwa 300.000 bis 125.000 Jahren besaßen ein etwa 1.300 bis 1.500 Kubikzentimeter großes Gehirn, einen kräftigen Überaugenwulst, eine flache Stirn und ein fliehendes Kinn.

Die späten oder „klassischen" Neandertaler aus der Zeit vor etwa 125.000 bis 30.000 Jahren hatten einen robusten Körperbau mit sehr massiven Extremitätenknochen, die im Unterarm und Oberschenkel oft stark gebogen waren. Sie besaßen eine flache Stirn, ein durchschnittlich etwa 1500 Kubikzentimeter großes Gehirn, kräftige Überaugenwülste, massive Vorderzähne und starke Muskeln.

Die späten Neandertaler wohnten in Höhlen, unter Felsdächern sowie in zeltartigen Behausungen und jagten mit Stoßlanzen

Gefährliche Begegnung zwischen dem
bis zu etwa drei Meter großen prähistorischen
Menschenaffen Gigantopithecus blacki (rechts) und
Frühmenschen, Zeichnung von Shuhei Tamura

und Wurfspeeren. Sie gelten als die ersten Ur-Menschen, die ihre Toten sorgfältig bestatteten und vermutlich bereits religiöse Vorstellungen entwickelten.

Das Verschwinden der Neandertaler in der letzten Eiszeit des Eiszeitalter vor etwa 30.000 Jahren gilt als das rätselhafteste Aussterben in der Menschheitsgeschichte. Es ist ungeklärt, ob die Neandertaler von den höher entwickelten Jetztmenschen *(Homo sapiens sapiens)* ausgerottet wurden oder ob diese sich mit den Neandertalern vermischten.

Manche Kryptozoologen halten die „Almas" für Nachfahren des riesigen prähistorischen Menschenaffen *Gigantopithecus blacki,* der ungefähr 3 Meter groß und 600 Kilogramm schwer war. Nach Funden zu schließen existierte dieses Tier vor etwa 1 Million bis vor rund 100.000 Jahren Jahren in China. Es gibt auch die Theorie, die „Almas" seien überlebende Frühmenschen der Art *Homo erectus* (aufrecht gehender Mensch), die aus der Zeit vor etwa 1,5 Millionen bis 300.000 Jahren durch Funde belegt ist.

2008 kam der 79-minütige Film „Almasty – Die Spur des Schneemenschen" unter der Regie des studierten Biologen Jacques Mitsch in die Kinos. Die Frankokanadierin Isabelle Gelinas spielt darin die ehrgeizige Forscherin Cécilia Pitoef, die mit allen Mitteln versucht, an Informationen über den Urmenschen „Almasty" zu gelangen. Ihr Forscherehrgeiz erwachte, als sie vor 20 Jahren im Kaukasus bei einem Wanderaussteller einen eingefrorenen „Almasty", den vielleicht letzten überlebenden Neandertaler, sah. Bei der Entdeckung des Schneemenschen wurde sie von einer rothaarigen Frau niedergestreckt. Um die Fortsetzung der Suche nach dem „Almasty" zu rechtfertigen, fälschte die Forscherin sogar Beweise. Bei einem Aufenthalt im Kaukasus mit ihrer fast erwachsenen Tochter Pauline entdeckte Pitoef

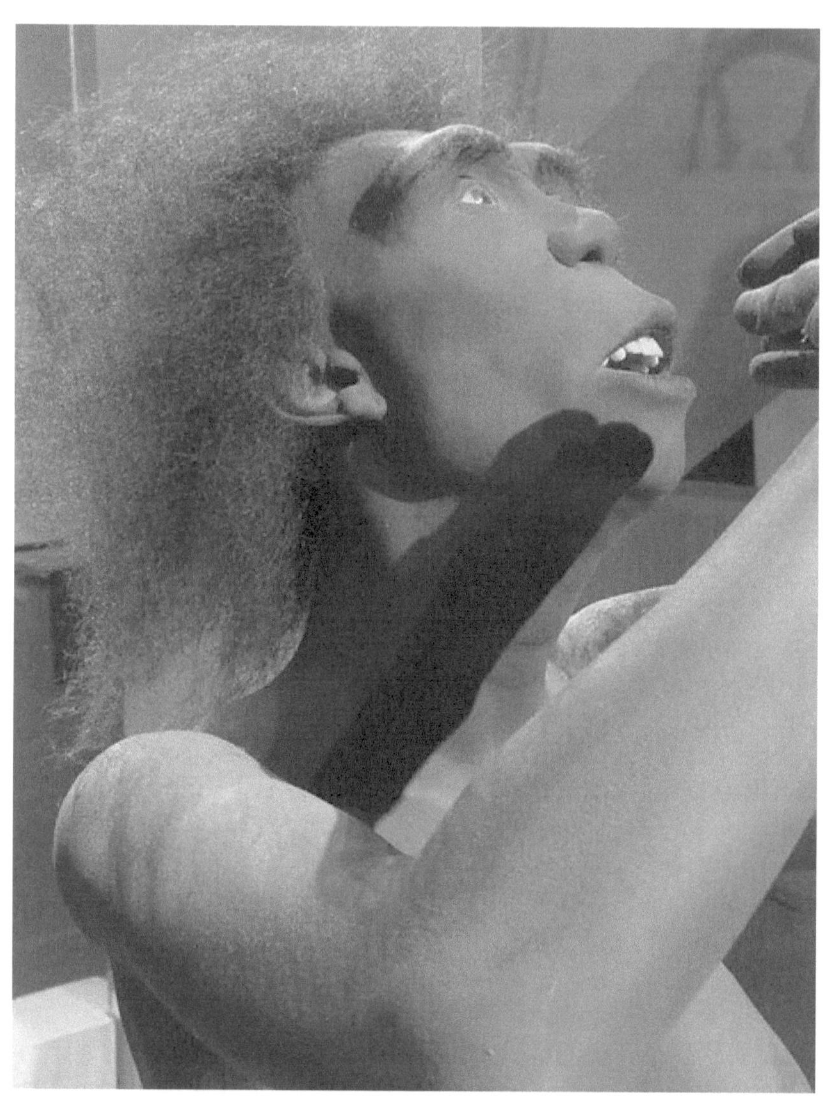

*Frühmensch der Art Homo erectus
(„aufrecht gehender Mensch")*

56

nicht den „Almasty", sondern die rothaarige Russin wieder. Letztere war sogar dazu bereit, ihr Leben zu opfern, um den Affenmenschen vor einer Entdeckung zu schützen. Kurz vor ihrem
Tod wollte die Rothaarige doch ihr Schweigen brechen. Aber sie wollte sich nur dem Ex-Liebhaber von Cécilia namens Jacques Grangier anvertrauen. Um Informationen von der mysteriösen Russin zu bekommen, war Cécilia gezwungen, Grangier einzuweihen und zu einer Reise in den Kaukasus zu bewegen. Tatsächlich kam Grangier zusammen mit Pauline in die Berge, um den letzten Wunsch der Russin zu erfüllen. Beide erfuhren viel über die Kultur der Bevölkerung, die Bedeutung des „Almasty" und dessen geheimnisvolle Verbindung zu der Sterbenden. Unterdessen terrorisierte Cécilia ihr Team. Dank eines kleinen Jungen stieß sie auf eine Höhle mit Zeichnungen, die verblüffene Zusammenhänge zwischen der Russin und dem „Almasty" erhellen. Pauline und Jacques gerieten mitsamt dem Leichnam der inzwischen gestorbenen Russin in die Gewalt von Banditen. Auf dem Weg zur hochgelegenen, schwer zugänglichen Grabstätte gab es noch eine weitere abenteuerliche Überraschung.

*Venezianischer Kaufmann
Marco Polo (1254–1324)*

58

Entdeckungen von Affenmenschen

Viertes Jahrhundert vor Christus: Der chinesische Staatsmann und Dichter Qu Yuan (340–278 v. Chr.) des Staates Chu erwähnt in seinen Versen gewisse Menschenfresser, die im Gebirge leben. Sein Haus befand sich südlich des Berg- und Waldgebietes Shennongjia in der Provinz Hubei, das als Heimat des Affenmenschen „Yeren" diskutiert wird.

Um 1000 nach Christus: In Tibet erwähnt der Yogi Milarepa, der als Einsiedler im Himalaja lebt, in seinen Gesängen einen Affenmenschen, bei dem es sich um den „Yeti" handeln soll.

13. Jahrhundert: Der venezianische Kaufmann Marco Polo (1254–1324), der Zentralasien und China bereist und 1292 Sumatra besucht, erwähnt zum ersten Mal den Affenmenschen „Sumatra Yeti".

1420-er Jahre: Der aus Bayern stammende Soldat Johannes Schiltberger (1381–um 1427) erfährt in der Mongolei von einem Wesen, das keinem der bis dahin bekannten menschenartigen Affen gleicht und den mongolischen Namen „Alma" trägt.

1595: Der englische Seefahrer Sir Walter Raleigh (1552–1618), der Raub- und Entdeckungsfahrten in die mittelamerikanischen Gewässer veranlasst, hört von bösen affenartigen Wesen, die Frauen verschleppen und Männer angreifen.

1790: In Australien beobachtet erstmals ein Weißer den Affenmenschen „Yowie". Bereits zur Zeit der Besiedlung Australiens durch die ersten Weißen kursierten Geschichten

Schweizer Geologe
François de Loys (1892–1935)

über einen 1,80 bis 2,70 Meter großen Affenmenschen, der angeblich in den Wäldern des „Fünften Kontinents" haust.

1800: Der deutsche Naturforscher Alexander von Humboldt (1769–1859) wird in Lateinamerika von Indianern vor affenartigen, Frauen raubenden und Menschenfleisch essenden Kreaturen namens „Vasitri" oder „Big Devil" gewarnt.

1811: Der Forschungsreisende David Thompson (1770–1857) sichtet als erster Weißer ungewöhnlich große, menschliche Fußspuren des Affenmenschen „Sasquatch" in Nähe der heutigen kanadischen Stadt Jasper.

1869: Ein Regierungsbeamter von British-Guyana und einheimische Begleiter begegnen im Wald einer mysteriösen Kreatur und hören zwei oder drei Mal ein lautes, langesPfeifen.

1917: Der Affenmensch „Orang Pendek" aus Sumatra wird in einem niederländischen Wissenschaftsjournal erwähnt. Der Farmer und Zoologe Edward Jacobson (1870–1944), der als einer der ersten Forscher die Vulkaninsel Krakatau nach dem verheerenden Ausbruch von 1893 aufsuchte, hatte Indizien für die Existenz eines Affenmenschen auf Sumatra zusammengetragen.

1920: Die Expedition des Schweizer Geologen François de Loys (1892–1935) begegnet am Ufer des Tarra-River in den wenig erforschten Bergdschungeln der Sierra de Perijáa an der kolumbisch-venezolanischen Grenze zwei großen, haarigen und schwanzlosen Affen, die menschenähnlicher als alle bis dahin bekannten südamerikanischen Primaten waren. Dieses südamerikanische Gegenstück zum nordamerikanischen Affenmenschen „Bigfoot" wird als „De-Loys-Affe" bezeichnet.

1923: Der niederländische Siedler J. van Herwaarden sichtet während einer Wildschweinjagd auf Sumatra den auf einem Baum sitzenden Affenmenschen „Orang Pendek".

*Der Journalist Andrew Genzoli (1914–1984)
hat 1958 in der Lokalzeitung „Humboldt Times"
als Erster den Begriff „Bigfoot" verwendet.
Auf obigem Foto ist Genzoli (links) zusammen
mit dem Bulldozer-Fahrer Jerry Crew (rechts)
und dem Abguss eines imposanten Fußabdrucks
von Bluff Creek zu sehen.*

1928: Forschungsteams sammeln in Sibirien Informationen über den Affenmenschen „Chuchunaa".

1920-er und 1930-er Jahre: Der Affenmensch „Skunk Ape" („Stinktier-Affe") wird oft erblickt, als man Teile der Everglades in Südflorida (USA) abholzt.

1947: Einer Kolonne von 20 Franzosen und Einheimischen glückt in einem Urwald in Indochina (heute Vietnam) die erste Sichtung des Affenmenschen „Nguoi Rung".

1958: Der Name „Bigfoot" taucht erstmals in den amerikanischen Medien auf, nachdem der Arbeiter Jerry Crew auf einer Baustelle ungewöhnlich große Fußspuren entdeckt hat.

1960-er und 1970-er Jahre: Während des Vietnamkrieges wird der Affenmensch „Nguoi Rung" erstmals von Weißen gesichtet.

1960-er Jahre: Auf amerikanischen Jahrmärkten wird der als „Minnesota Iceman" bezeichnete Körper eines menschenartigen Wesens gezeigt, der in einen Eisblock eingefroren ist. Angeblich soll er aus Vietnam stammen.

20. Oktober 1967: Roger Patterson und Bob Gimlin filmen in der Nähe von Bluff Creek (Kalifornien) eine aufrecht gehende, affenähnliche Kreatur, deren Größe auf 2 bis 2,40 Meter geschätzt wird. Dieser umstrittene Film gilt als bekanntester Beweis für die Existenz von „Bigfoot".

Sommer 1989: Die englische Journalistin Debbie Martyr hört bei Reisen im Kerinci-Seblat-Nationalpark vom Affenmenschen „Orang Pendek" und kann im September eine Fährte betrachten. Seitdem sammelt sie Berichte von Augenzeugen und sucht in den Bergen Sumatras dieses scheue Geschöpf.

Autor Ernst Probst

Der Autor

Ernst Probst, geboren am 20. Januar 1946 in Neunburg vorm Wald im bayerischen Regierungsbezirk Oberpfalz, ist Journalist und Buchautor. Er arbeitete von 1968 bis 1971 als Redakteur bei den „Nürnberger Nachrichten", von 1971 bis 1973 in der Zentralredaktion des „Ring Nordbayerischer Tageszeitungen" in Bayreuth und von 1973 bis 2001 bei der „Allgemeinen Zeitung", Mainz. Von 2001 bis 2006 war er zunächst als Buchverleger und später auch weltweit als Fossilien- und Antiquitätenhändler aktiv In seiner Freizeit schrieb Ernst Probst vor allem populärwissenschaftliche Artikel für die „Frankfurter Allgemeine Zeitung", „Süddeutsche Zeitung", „Die Welt", „Frankfurter Rundschau", „Neue Zürcher Zeitung", „Tages-Anzeiger", Zürich, „Salzburger Nachrichten", „Oberösterreichische Nachrichten", Linz, „Die Zeit", „Rheinischer Merkur", „Deutsches Allgemeines Sonntagsblatt", „bild der wissenschaft", „kosmos", „Deutsche Presse-Agentur" (dpa), „Associated Press" (AP) und den „Deutschen Forschungsdienst" (df). Aus der Feder von Ernst Probst stammen zahlreiche Beiträge der Buchreihe „Geschichten, die die Forschung schreibt" sowie die Bücher „Deutschland in der Urzeit" (1986), „Deutschland in der Steinzeit" (1991), „Rekorde der Urzeit" (1992), „Dinosaurier in Deutschland" (1993 zusammen mit Raymund Windolf) und „Deutschland in der Bronzezeit" (1996). Von 1986 bis heute veröffentlichte Probst rund 300 Bücher, Taschenbücher, Broschüren und E-Books.

Literatur

Vorwort
HEUVELMANS, Bernard: On The Track of Unknown Animals, London 1963
KRYPTOZOOLOGIE http://wikipedia.org/wiki/Kryptid
PROBST, Ernst: Affenmenschen. Von Bigfoot bis zum Yeti, München 2013

Alma
ALMA, Wikipedia http://de.wikipedia.org/wiki/Alma
BARSBOLD, Rinchen: Almas – Mongolian relative of the snow man, Contemptorary Mongolia, no. 5, pp. 34–38, 1958
BAYANOW, Dmitri: Auf den Spuren des Schneemenschen. Der russische Yeti, Stuttgart 1998
BURTSEW, Igor: Ein noch nicht begrabenes Skelett und ein noch nicht geborgener Schädel: Die Geschichte von Zana. In: BAYANOW, Dmitri: Auf den Spuren des Schneemenschen. Der russische Yeti, S. 40–46, Stuttgart 1998
JOHANNES SCHILTBERGER Wikipedia http://de.wikipedia.org/wiki/Johannes_Schiltberger
KOFFMANN, Marie-Jeanne: Brief Ecological Description of the Caucasus Relict Hominoid. In: MARCOTIC, Vladimir / KRANTZ, Grover (Herausgeber): The Sasquatch and Other Unknown Hominoids, S. 76–85, Calgary 1984
KOFFMANN, Marie-Jeanne: L'Almasty – Yéti du Cauacase, Archeologia, S. 24–43, Paris, Juni 1991

KOFFMANN, Marie-Jeanne: L'Almasty du Caucase
– Mode de vie d'un hominoïde. Archeologia, S. 52–65,
Paris, Februar 1992

KOFFMANN, Marie-Jeanne: Überlegungen zum
möglichen Überleben einer Population von Relikt-
hominiden im Kaukasus. In: BAYANOW, Dmitri: Auf den
Spuren des Schneemenschen. Der russische Yeti, S. 18–34,
Stuttgart 1998

MARIAGIN, G.: Almas – the snow man? An interview
with Prof. Rinchen, Literature and Life, 1958

MARIAGIN, G.: Almas – the snow man". Reply fom B.
Porshnev, Literature and Life, 1958

PORSCHNEV, Boris: Does the snow man exist? Evening
Moscow, Moskau 1958

ROSENFELD, A.: About some dated (out dated) ancient
beliefs of the people of Pamir, in connection with the
legend of the snow man, Soviet Ethnography, no. 4,
Moskau 1959

SHALIMOV, A.: The snow man in Pamir? Around the
World, no. 7, pp. 29–32, 1957

SCHNEIDER, Michael: Zana. Das Geheimnis einer wilden
Frau? In: Der Fährtenleser, Ausgabe 9, S. 17–26,
Krombach 2010

SHACKLEY, Myra: Und sie leben doch. Bigfoot, Almas,
Yeti und andere geheimnisvolle Wildmenschen, München
1983

WILLIAMS, Richard (Herausgeber): Man and Beast.
Quest of the Unknown, S. 70–71, London 1993

Bildquellen

Titelblatt
Shuhei Tamura, Kanagawa, Japan: 1

Vorwort
Talitha Wittich, Portraitzeichnung-deutschlandweit,
www.portrait-deutschland.de, Frankfurt am Main: 6
TKnox aus Chemainus, BC, Canada / http://flickr.com/
photos/59824614@N00/17022620 / CC-BY2.0: 8 (via
Wikimedia Commons), lizensiert unter CreativeCommons-
Lizenz by-2.0-en, http://creativecommons.org/licenses/by/
2.0/legalcode
Laurence M. King / http://flickr.com/photos/
8268561@N03/4416271597 / CC-BY2.0: 10 (via
Wikimedia Commons), lizensiert unter CreativeCommons-
Lizenz by-2.0-de, http://creativecommons.org/licenses/by-
sa/2.0/legalcode
Ltshears / CC-BY-SA3.0: 11 (via Wikimedia Commons),
lizensiert unter CreativeCommons-Lizenz by-sa-3.0-de,
http://creativecommons.org/licenses/by-sa/3.0/legalcode
Antony from Gloucester, UK / http://www.flickr.com/
photos/16687586@N00 / CC-BY-SA2.0: 12 (via
Wikimedia Commons), lizensiert unter CreativeCommons-
Lizenz unter by-sa-2.0-de, http://creativecommons.org/
licenses/by-sa/2.0/legalcode
Jeff Gibbs / http://www.flickr.com/photos/jeffgibbs/
2167149548/in/set-72157600104317876: 13 /
CC-BY-SA3.0 (via Wikimedia Commons), lizensiert unter
CreativeCommons-Lizenz by-sa-3.0-de,

Bücher von Ernst Probst

Affenmenschen. Von Bigfoot bis zum Yeti
Als Mainz noch nicht am Rhein lag
Archaeopteryx. Die Urvögel aus Bayern
Das Moustérien. Die große Zeit der Neanderthaler
Das Rätsel der Großsteingräber. Die nordwestdeutsche
Trichterbecher-Kultur
Der Höhlenbär
Der Rhein-Elefant. Das „Schreckenstier" von Eppelsheim
Der Ur-Rhein. Rheinhessen vor zehn Millionen Jahren
Deutschland im Eiszeitalter
Deutschland in der Frühbronzezeit
Deutschland in der Mittelbronzezeit
Deutschland in der Spätbronzezeit
Die nordische Bronzezeit in Deutschland
Dinosaurier in Deutschland
Dinosaurier von A bis K. Von Abelisaurus
bis Kritosaurus
Dinosaurier von L bis Z. Von Labocania
bis Zupaysaurus
Höhlenlöwen. Raubkatzen im Eiszeitalter
Johann Jakob Kaup. Der große Naturforscher
aus Darmstadt
Krallentiere am Ur-Rhein. Die Entdeckungsgeschichte
von Chalicotherium goldfussi
Menschenaffen am Ur-Rhein. Paidopithex,
Rhenopithecus und Dryopithecus
Monstern auf der Spur. Wie die Sagen über Drachen,
Riesen und Einhörner entstanden
Nessie. Das Monsterbuch

Rekorde der Urmenschen. Erfindungen, Kunst
und Religion
Rekorde der Urzeit. Landschaften, Pflanzen und Tiere
Säbelzahnkatzen. Von Machairodus bis zu Smilodon

Bestellungen bei: http://www.grin.com